科学のタネを育てよう❷

色が変わる
蒸しパンのふしぎ

佐田山彩紀／著

物語でわかる
理科の自由研究

少年写真新聞社

はじめに

　この本は、ノーベル物理学賞を受賞した科学者・朝永振一郎博士が子どもたちに向けて書いた次の言葉を、実際の自由研究の流れに当てはめて、物語にしています。

> ふしぎだと思うこと　これが科学の芽です
>
> よく観察してたしかめ　そして考えること
> これが科学の茎です
>
> そうして最後になぞがとける　これが科学の花です
>
> **朝永振一郎**※

　「ふしぎ」なこと＝科学のタネは、身のまわりにいっぱいあります。イモムシがどのようにしてチョウに変わるのか、夜の星空がどこまで続くのかなど、数え上げればきりがありません。「ふしぎ」なことの正体を探る＝なぞを解くことは、理科の研究とまったく同じです。

　この本は、科学のなぞの探り方をまとめたガイドブックのようなものです。科学のタネから出た芽を育て、茎を伸ばし、なぞが解けて花が咲くまでを物語にしています。

　理科の自由研究だけではなく、みなさんが社会に出て、答えのない課題に取り組まなくてはならないときに、この「科学のなぞの探り方」が、きっと役に立つでしょう。

> 　みなさんは「ふしぎ」なことに出合ったとき、どうしていますか？ 調べたり、人に聞いたりして、納得することもあれば、納得できずにもやもやすることもあったのではないでしょうか。実は、この「もやもや」は楽しいことが見つかるチャンスなのです！ これらを自分たちの力で解決できたらすてきだと思いませんか？
>
> 　この本にはそういうときに考えるためのヒントがあります。方法は1つとは限りません。まずは試してみましょう。間違ってもいいのです。そのときは、戻ればいいのですから。そして、さらなる「ふしぎ」なことや「もやもや」を見つけてください。いずれ、みなさんの力になっていくことでしょう。
>
> **佐田山彩紀**

※出典：朝永振一郎（1980）『回想の朝永振一郎』松井巻之助 編、みすず書房

もくじ

この本の使い方

この本では、ひとつのふしぎを追いかける子どもたちの研究の流れが描かれています。

★研究の物語

登場人物が、話し合いや実験・観察をしながら、ふしぎを解明していきます。読み手のあなたも、その場にいる気持ちで読んでみましょう。

くり返し読んでみよう

1回目　登場人物のなぞ解きを楽しむ

なぞを解いていくおもしろさを感じながら、物語を読んでみましょう。

2回目　研究の進め方を確かめる

あなたの自由研究に取り組む前に、研究の進め方を確かめながら読んでみましょう。

3回目　研究の進め方をふり返る

自由研究に取り組んだあとに、研究の進め方をふり返りながら読んでみましょう。良かった点、悪かった点を見つけたら、次の自由研究に役立てましょう。

実験で確認してみよう

仮説を立てたら、実験をして確かめてごらん。

どうやって実験をしたらよいのですか？

仮説にもとづいて、条件を分けて実験をするといいよ。ただし、実験をするときには、比べたい条件以外はそろえようね。比べたい条件は何かな？

比べたいのは、「小麦粉＋水」「小麦粉＋水＋卵」「小麦粉＋水＋ベーキングパウダー」の3種類です。

そうしたら、「水の量」「加熱時間」「火の強さ」などのほかの条件をそろえて実験をすると、「どのような条件で蒸しパンがふくらむのか」が明確になるよ。それと、実験をするときには、「研究ノート」をつけるといいね。

研究ノート……？　授業のノートと違うんですか？

実験を行う際に、考えたことや調べたこと、実験でやったこと、結果などを記録するんだ。これをつけておくと、あとから見直して、発表の資料を作るときに役立つよ。ほかの人が同じ実験をするときにも、これを見れば再現できるんだ。

研究ノートに記録する

研究ノートは、研究をするうえで大切なものです。日付、時間、実験の手順、結果、気づいたこと、疑問に思ったことを記録しておきます。図やグラフのほか、デジタルカメラで撮った写真などを記録することもできます。その際は、実験の条件や手順などといっしょに整理しておきましょう。

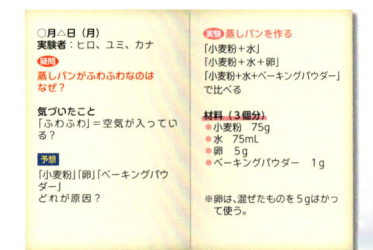

○月△日（月）
実験者：ヒロ、ユミ、カナ

課題
蒸しパンがふわふわなのはなぜ？

気づいたこと
「ふわふわ」＝空気が入っている？

予想
「小麦粉」「卵」「ベーキングパウダー」どれが原因？

実験　蒸しパンを作る
「小麦粉＋水」
「小麦粉＋水＋卵」
「小麦粉＋水＋ベーキングパウダー」で比べる

材料（3個分）
● 小麦粉　75g
● 水　75mL
● 卵　5g
● ベーキングパウダー　1g

※卵は、混ぜたものを5gはかって使う。

12

3人は家庭科室にやってきました。

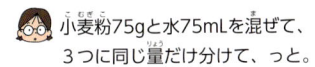

小麦粉75gと水75mLを混ぜて、3つに同じ量だけ分けて、っと。

1つはベーキングパウダーを加えるね。もう1つは卵を加えてよく混ぜておくね。

小麦粉だけでふくらむとすると、3つ全部がふくらむね。どれがふくらむのかな？よし、実験だ！

3種類の蒸しパンを作ってみよう

用意するもの

小麦粉、水、卵、ベーキングパウダー、カップケーキ型＊、ボウル、スプーン、菜箸、はかり、計量カップ、蒸し器、ふきん、ガスこんろ　※ここでは、耐熱性がある紙製カップケーキ型を用いました。

実験方法

ふたをふきんで包む

❶ 小麦粉75gと水75mLをボウルに入れて粉の塊がないようによく混ぜ、同じ量ずつ3つに分ける。
❷ 卵の白身と黄身をかき混ぜておく。
❸ ❶の生地の1つに❷の卵5g、1つにベーキングパウダー1gを混ぜる。あと1つはそのままにする。
❹ ❸の生地をそれぞれのカップケーキ型に入れる。
❺ 蒸し器のふたをふきんで包んでおく。下の鍋に水を入れて沸かす。
❻ 沸騰したら火を止め、蒸し器の上の鍋に❹を置く。再び点火し、弱火で12分ほど蒸す。

火を扱うときの注意

● 大人がいるときに使う
● 長い髪はまとめる
● 火のまわりに燃えやすいものを置かない
● 火のそばを離れない
● 火を止めたあと、すぐに手で触らない

13

★実験コーナー

物語の中で登場人物が行う実験です。〈用意するもの〉、〈実験方法〉をよく読んで、結果の予想を立ててみましょう。実際に挑戦してみるのもよいでしょう。

コラム

研究を進めるにあたり、注意すべきことや参考になることが書いてあります。自分の研究を進める際にも役に立ちます。

登 場 人 物

理科クラブに所属する小学校6年生

理科クラブの先生

ヒロ　ユミ　カナ　小山先生

「ふわふわ」な蒸しパンのふしぎ

ヒロ、ユミ、カナは、小学校の理科クラブに所属する6年生です。今日は、クラブで発表する研究テーマを話し合うために、ヒロの家に集まっています。

 うーん、テーマが決まらないなあ。なんの研究にしよう……？

 先生は「身近なものをテーマにするとよい」って言っていたけれど……。

 みんな、真剣ね。ちょっとひと休みしたら？　おやつを買ってきたわよ。

 蒸しパンだ！　ふわふわでおいしそう！　いっただっきまーす！

 蒸しパンって、同じパンでも食パンとかと少し違うよね。

 食パンは焼いているからまわりが茶色いけど、蒸しパンは茶色くないね。名前どおり「蒸して」いるのかな。焼いていないのにどうしてふわふわになるのかな？

 そもそも、蒸しパンの材料ってなんだろう？　お母さん、知っている？

 詳しくは知らないわねえ。小麦粉や砂糖を使っていると思うけれど。

よし、もっとよく観察してみよう！

指で少し押しても、もとに戻るね。持ってみると、見た目より軽い感じがするよ。

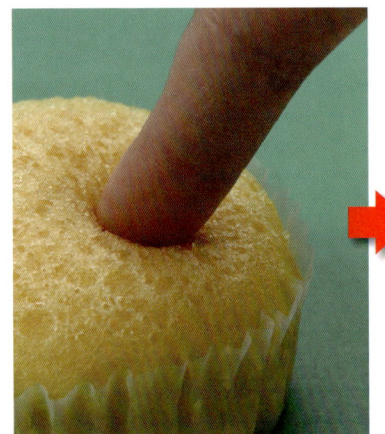 

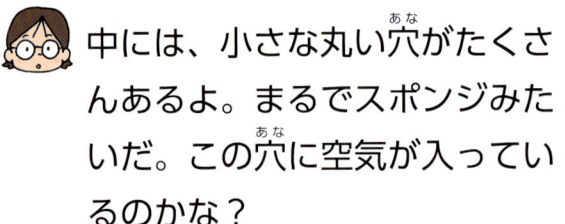 中には、小さな丸い穴がたくさんあるよ。まるでスポンジみたいだ。この穴に空気が入っているのかな？

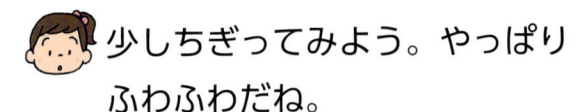 少しちぎってみよう。やっぱりふわふわだね。

 指でつぶしたら、ペッチャンコになったよ。空気が抜けちゃったのかな。

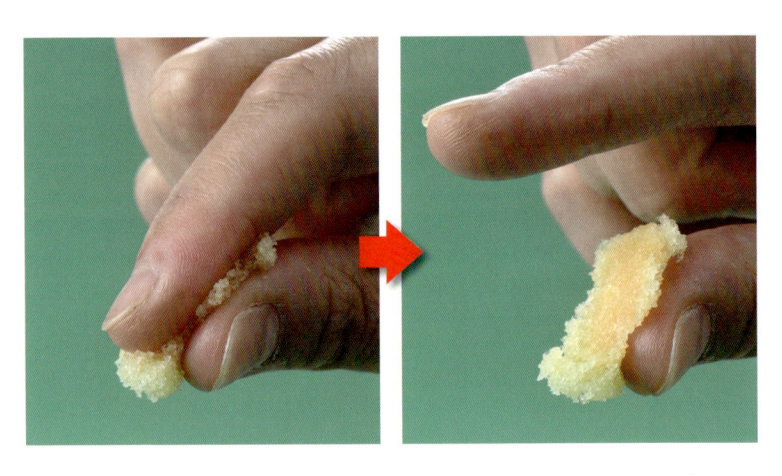

 ひょっとして、ふわふわした食感なのは、空気がたくさん入っているからかも！

今度は材料を調べてみよう。

 家にある本やインターネットでレシピを探すと、いろいろな作り方があるよ。

 材料や作り方が少しずつ違うね。

 いくつか調べてメモをとっておいて、あとでまとめようよ。

 えーっと、まとめると、だいたい 小麦粉、水、卵、ベーキングパウダー、砂糖 が入っているのが多いみたいだね。砂糖は味つけのためかな。

 あれ、でもこっちの本では卵が入っていないよ。牛乳やサラダ油を使っているのもある。本によって少しずつ違うね。

 それにしても、これだけの材料でどうしてふわふわになるんだろう？

 小麦粉も卵もベーキングパウダーも、それ自体はふわふわではないよね。

 ねえ、これ、実験で調べて、発表しようよ！

 いいね！　先生に相談してみよう。

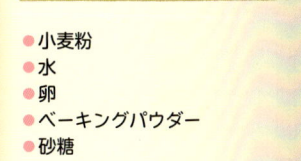

○月□日(日)　蒸しパンの材料

● 小麦粉
● 水
● 卵
● ベーキングパウダー
● 砂糖
（サラダ油）
（牛乳）

※サラダ油、牛乳は入っていない場合もある。

蒸しパンの作り方

① 小麦粉とベーキングパウダーを混ぜる。
② 卵、砂糖、水を混ぜる。
③ ①に②を混ぜる。
④ ③を型に入れる。
⑤ 蒸し器で蒸す。

※いろいろな作り方があるようだ。

仮説（かせつ）を立ててみよう

次の日の放課後（ほうかご）、3人は理科室にいる先生を訪（たず）ねました。

 先生！ ぼくたち、理科クラブの発表テーマを「蒸（む）しパン」にしようと思います。

 ほう、一言で「蒸（む）しパン」といってもいろいろな研究ができるよ。蒸しパンの何を調べるのかな？

 「蒸（む）しパンはなぜふわふわなのか」を実験（じっけん）で調べたいと思います。

 身近でいいテーマだね。実験（じっけん）をするには「仮説（か せつ）」といって、観察（かんさつ）したことをもとに予想をすることが大切だよ。仮説は、単なる勘（かん）や思いつきではなく、きちんとした理由があるといいね。

 よし、仮説（かせつ）を立ててみよう！

「仮説（かせつ）」とは？

「仮説（かせつ）」とは、実験（じっけん）を行う前に立てる予想です。予想といっても、単なるあてずっぽうではなく、自分の体験（たいけん）や本、インターネットで知った知識（ちしき）と関連（かんれん）づけ、筋道（すじみち）が通るようにしないと仮説（かせつ）とは言えません。

たとえば、「インターネットで見たから」は仮説（かせつ）になりません。しかし、「インターネットや本にはこう書いてあったので、自分はこういう理由でこんな結果（けっか）になるのではないかと思う」とすると、仮説（かせつ）になります。

蒸しパンはなぜふわふわなのか？

ヒロの仮説 — 小麦粉だけでふくらむと思う！

空気とか水って加熱するとふくらむよね。小麦粉も加熱するとふくらむんじゃないかな。卵やベーキングパウダーは味に関係しているんだと思う。

カナの仮説 — 卵だと思う！

ふわふわのオムレツっていうのもあるよね。それと同じで、卵を入れると生地に空気が混ざりやすくなるんじゃないかな？

ユミの仮説 — ベーキングパウダーだと思う！

お菓子によく入っているよね。ホットケーキなんかにも入れるって聞いたことがあるよ！

仮説を立てたら、実験をして確かめてごらん。

 どうやって実験をしたらよいのですか？

 仮説にもとづいて、条件を分けて実験をするといいよ。ただし、実験をするときには、比べたい条件以外はそろえようね。比べたい条件は何かな？

 比べたいのは、「小麦粉＋水」「小麦粉＋水＋卵」「小麦粉＋水＋ベーキングパウダー」の３種類です。

 そうしたら、「水の量」「加熱時間」「火の強さ」などのほかの条件をそろえて実験をすると、「どのような条件で蒸しパンがふくらむのか」が明確になるよ。それと、実験をするときには、「研究ノート」をつけるといいね。

 研究ノート……？　授業のノートと違うんですか？

 実験を行う際に、考えたことや調べたこと、実験でやったこと、結果などを記録するんだ。これをつけておくと、あとから見直して、発表の資料を作るときに役立つよ。ほかの人が同じ実験をするときにも、これを見れば再現できるんだ。

研究ノートに記録する

研究ノートは、研究をするうえで大切なものです。日付、時間、実験の手順、結果、気づいたこと、疑問に思ったことを記録しておきます。図やグラフのほか、デジタルカメラで撮った写真などを記録することもできます。その際は、実験の条件や手順などといっしょに整理しておきましょう。

○月△日（月）
実験者：ヒロ、ユミ、カナ

疑問

蒸しパンがふわふわなのはなぜ？

気づいたこと
「ふわふわ」＝空気が入っている？

予想

「小麦粉」「卵」「ベーキングパウダー」
どれが原因？

実験 蒸しパンを作る

「小麦粉＋水」
「小麦粉＋水＋卵」
「小麦粉＋水＋ベーキングパウダー」
で比べる

材料（３個分）
● 小麦粉　75g
● 水　75mL
● 卵　5g
● ベーキングパウダー　1g

※卵は、混ぜたものを5gはかって使う。

3人は家庭科室にやってきました。

 小麦粉75gと水75mLを混ぜて、3つに同じ量だけ分けて、っと。

 1つはベーキングパウダーを加えるね。もう1つは卵を加えてよく混ぜておくね。

小麦粉だけでふくらむとすると、3つ全部がふくらむね。どれがふくらむのかな？よし、実験だ！

3種類の蒸しパンを作ってみよう

用意するもの

小麦粉、水、卵、ベーキングパウダー、カップケーキ型※、ボウル、スプーン、菜箸、はかり、計量カップ、蒸し器、ふきん、ガスこんろ　※ここでは、耐熱性がある紙製カップケーキ型を用いました。

実験方法

① 小麦粉75gと水75mLをボウルに入れて粉の塊がないようによく混ぜ、同じ量ずつ3つに分ける。

② 卵の白身と黄身をかき混ぜておく。

③ ①の生地の1つに②の卵5g、1つにベーキングパウダー1gを混ぜる。あと1つはそのままにする。

④ ③の生地をそれぞれのカップケーキ型に入れる。

⑤ 蒸し器のふたをふきんで包んでおく。下の鍋に水を入れて沸かす。

⑥ 沸騰したら火を止め、蒸し器の上の鍋に④を置く。再び点火し、弱火で12分ほど蒸す。

ふたをふきんで包む

火を扱うときの注意

- 大人がいるときに使う
- 長い髪はまとめる
- 火のまわりに燃えやすいものを置かない
- 火のそばを離れない
- 火を止めたあと、すぐに手で触らない

ふくらむ原因はなんだろう？

 加熱前は、生地の高さは3つとも3.2cmくらいであまり変わらなかったね。

 そろそろいいかな。火を止めてふたを開けてみよう。どれがふくらんだかな？

 私の予想した❸が5.6cmでいちばんふくらんでいる！　ふわふわだ！

 卵を加えた❷はあまりふくらんでいないね。3.4cmだ。

 小麦粉と水だけの❶はペッチャンコだ！　小麦粉がふくらむわけではないんだ。

 ということは、ベーキングパウダーがふくらませる役割をしたから、蒸しパンがふわふわになったんだね。ジャムをつけて食べよう。いっただっきまーす！

加熱前　❷卵　❶小麦粉のみ　❸ベーキングパウダー

加熱後　❷　❶　❸

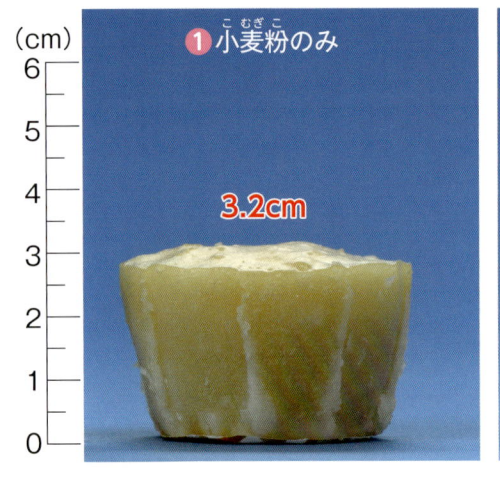

(cm) ❶小麦粉のみ　3.2cm

❷卵　3.4cm

❸ベーキングパウダー　5.6cm

ベーキングパウダーを加えるとどうしてふくらむんだろう？　ベーキングパウダーが何かを吸ってふくらんでいるのかなあ？

 材料を混ぜたときは、特にふくらんでいなかったよね……。

 じゃあ、蒸すときに何かが起こったのかな？

 蒸すっていうのは加熱するっていうことだから……。そうだ、ベーキングパウダーをお湯に入れてみたらどうなるだろう？

 さっきの鍋のお湯といっしょにコップに入れてみよう。

※熱に強いコップを使っています。

……あれっ!?
泡が出てきたよ！

すごい！　これはなんだろう？

よし、次はこの泡について調べてみよう！

2 ベーキングパウダーから出てくるのは？

3人は理科室に戻（もど）ってきました。

 先生！　ベーキングパウダーを加（くわ）えた蒸（む）しパンがいちばんふくらみました。

 なぜふくらんだのか、考えてみたかい？

 ベーキングパウダーをお湯に入れたら泡（あわ）が出てきたので、この泡（あわ）が影響（えいきょう）しているんだと思います！　これから、この泡（あわ）の正体を調べるところです。

 それはとても大切な発見だね。泡（あわ）の正体について、いっしょに考えよう。みんなが知っている気体は何かな？

 授業（じゅぎょう）では、酸素（さんそ）と二酸化炭素（にさんかたんそ）について教わりました。

 そうだね。ではどうしたらその気体であると確（たし）かめられるのかを考えよう。

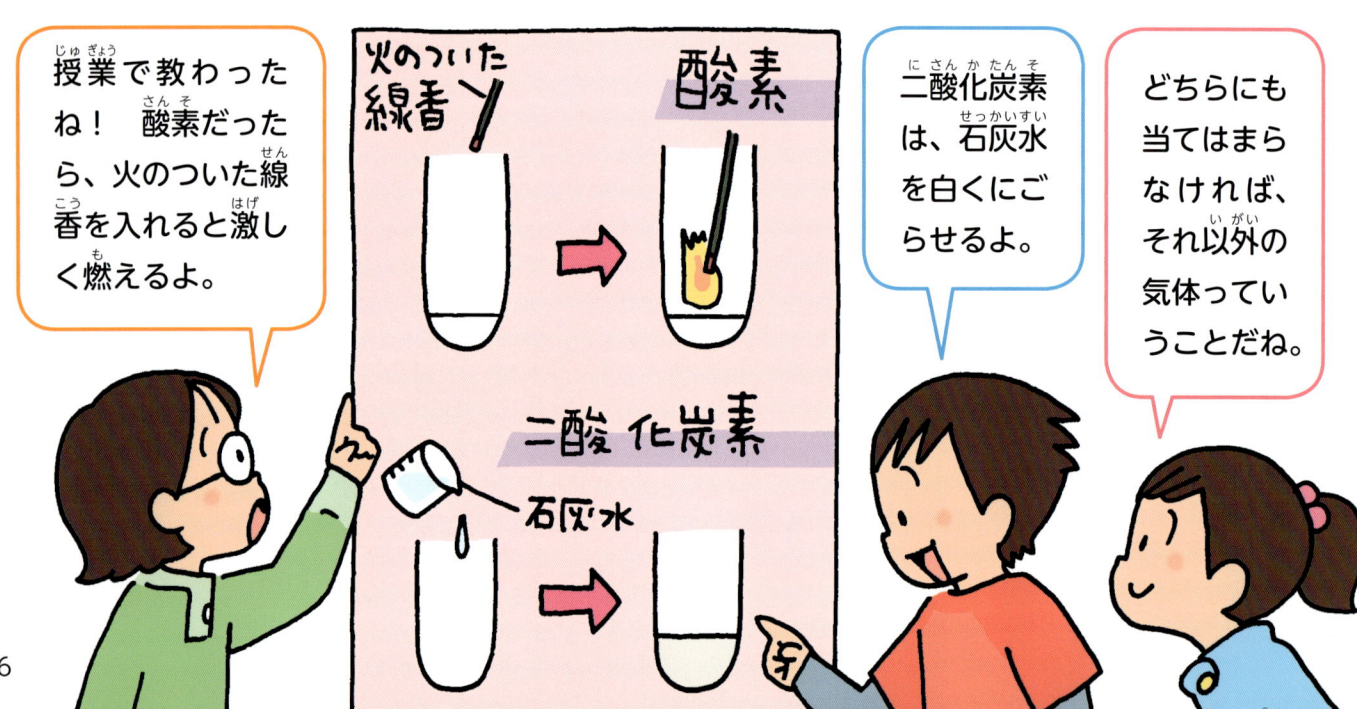

まずは気体を集めないとね。どうやって集めようか？

 授業で、気体の集め方を教わったよね。

 そうだね。お湯とベーキングパウダーを三角フラスコに入れて、気体を試験管に集めてみよう。

 酸素か二酸化炭素かを調べるのなら、水上置換でいいんじゃないかな。

出てくる気体を集めよう（水上置換）

用意するもの

ベーキングパウダー、湯、水、三角フラスコ、試験管、ガラス管つきゴム栓、ガラス管、ゴム栓、ゴム管、水槽、薬さじ、安全めがね

実験方法

❶ 水槽に水を入れ、試験管を沈めておく。

❷ ガラス管つきゴム栓にゴム管、ガラス管をつなぐ。

❸ 三角フラスコにベーキングパウダー20gを入れる。

❹ 水中で、ゴム管につながっているガラス管を試験管の口に入れる。

❺ 三角フラスコにお湯を約150mL注いでガラス管つきゴム栓でふたをする。

❻ ガラス管から試験管に気体が集まる。最初に集まった2本分の気体は捨てる。

❼ その後、試験管に気体が集まったらガラス管を外し、水中でゴム栓をして、水槽から出す。

❽ ❼と同じようにしてもう1本分集める。

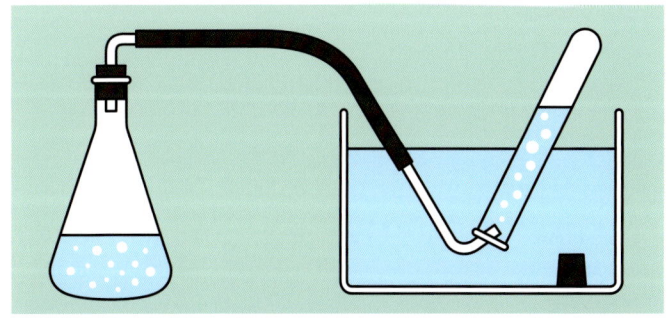

よし、試験管2本に気体が集まったよ。

 1本で酸素かどうか、もう1本で二酸化炭素かどうかを調べてみよう。

 どうなるのかな？

集めた気体を調べよう

用意するもの

17ページの水上置換で集めた気体が入った試験管、ゴム栓、マッチ、線香、石灰水、駒込ピペット、水、安全めがね

実験方法

1. 気体が入った試験管の片方のゴム栓を開けて火のついた線香を入れ、どうなるかを確認する。
2. もう1本の試験管のゴム栓を開けて石灰水を約1〜2mL入れ、栓をして少しふり、変化を観察する。

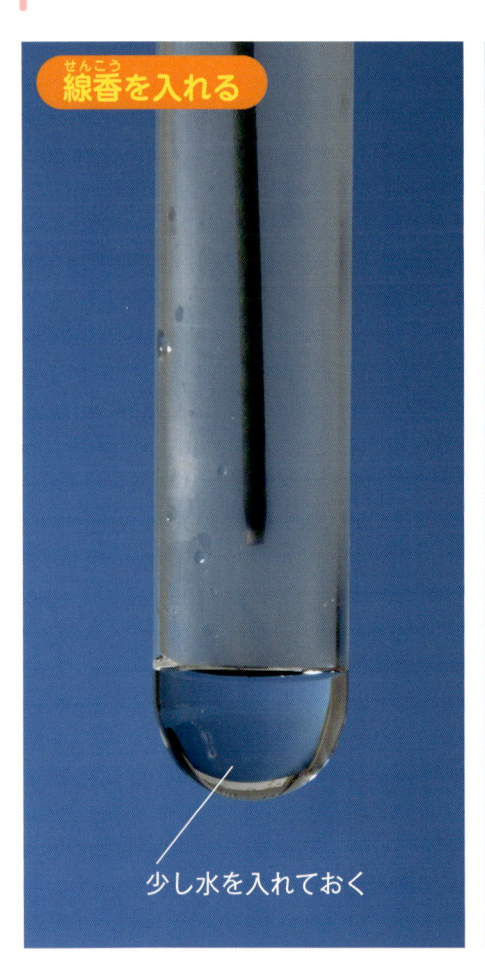
線香を入れる

少し水を入れておく

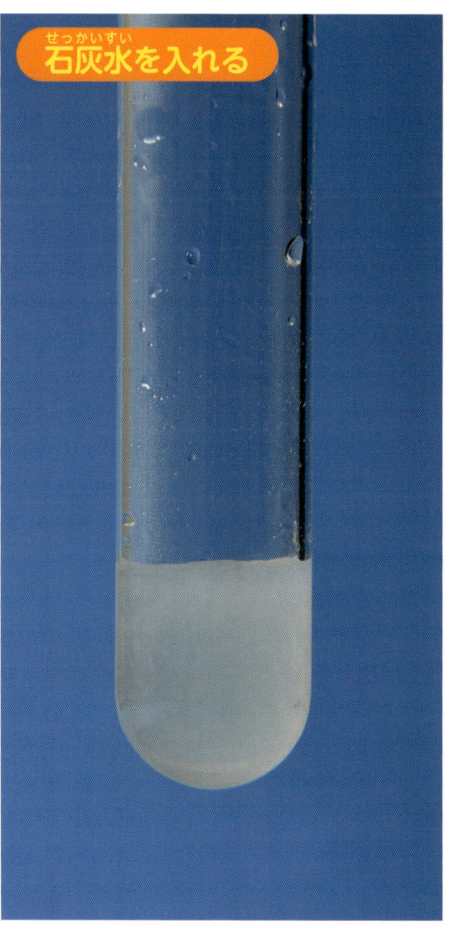
石灰水を入れる

あっ！線香の火が消えて、石灰水が白くにごったよ！

……ということは、ベーキングパウダーから出ているのは二酸化炭素ね！

二酸化炭素の泡が出てくるから、蒸しパンがスポンジみたいになるんだね。

「蒸しパンがなぜふわふわになるのか」のなぞが解けたね！

そういえば、コーラやサイダーの泡も二酸化炭素だよね。それと同じ気体が蒸しパンをふわふわにしているって、なんだかおもしろいね。

ここまでわかったことをノートにまとめてみよう。

○月△日(月)　　**わかったこと**

●蒸しパンにはたくさんの「空気（？）」が入っている。

●材料のうち、ベーキングパウダーが蒸しパンをふくらませている。

●ベーキングパウダーをお湯に入れると、あわが出てくる。

●出てくる気体は、二酸化炭素である。

ベーキングパウダーから発生する二酸化炭素が「ふわふわ」の原因のようだ。

やっぱりベーキングパウダーがカギだね。粉のままだと二酸化炭素は発生しないのにね。

そうすると、ベーキングパウダーは、何からできているんだろう？

よし、今度はベーキングパウダーについて調べてみよう！

「ベーキングパウダー」って何？

 まず、ベーキングパウダーの成分を見てみよう。「コーンスターチ」「重曹」、あとは「ナントカ酸ナントカ」……うーん、聞いたことがないものも入っているね。

 「重曹」って聞いたことがあるよ。お母さんがガスレンジの掃除に使っていた。油汚れを落とすんだって。

 そういえば、重曹は天ぷらをサクサクにするためにも使われるって聞いたことがあるな。

 料理にも使うんだね。

 じゃあ、重曹だけでも蒸しパンを作れるんじゃないかな？

 いいね！ ベーキングパウダーの代わりに重曹で作ってみようよ！

 やってみよう！ どんな蒸しパンになるのかな？

3人は、家庭科室に行きました。

箱の裏に成分が書いてあるね。

ベーキングパウダーの成分

- コーンスターチ（でんぷん）
- 炭酸水素ナトリウム（重曹）
- 酒石酸水素カリウム
- リン酸二水素カルシウム　　　　など

※製品により成分が異なる場合があります。

もしふわふわになったら、蒸しパンの「ふわふわ」のもとは、ベーキングパウダーに入っている重曹だっていうことになるね。

そうしたら、「小麦粉＋水＋ベーキングパウダー」「小麦粉＋水＋重曹」で比べてみよう。「小麦粉＋水」は前の実験で確認したからやらなくていいかな？

 じゃあ、小麦粉50gと水50mLを混ぜて、２つに分けよう。１つにはベーキングパウダー１g、もう１つには重曹１gを加えるね。

重曹とベーキングパウダーで蒸しパンを作る

用意するもの

小麦粉、水、ベーキングパウダー、重曹、カップケーキ型、ボウル、スプーン、菜箸、はかり、計量カップ、蒸し器、ふきん、ガスこんろ

実験方法

❶ 小麦粉50gと水50mLをボウルに入れて粉の塊がないようによく混ぜ、同じ量ずつ２つに分ける。

❷ ❶の生地の１つにベーキングパウダー１g、もう１つに重曹１gを加えて混ぜ、カップケーキ型に入れる。

❸ 13ページの実験の❺〜❻と同じ手順で蒸す。

 12分たった！　火を止めるね。できたかな？

 どちらもよくふくらんでいるね！あれっ？　重曹を加えた方は少し黄色いよ！　どうしてだろう？

 とりあえず食べてみよう！いっただっきまーす。

重曹　　　　ベーキングパウダー

……ん？重曹を加えた蒸しパンは、なんだか苦い気がする。

ベーキングパウダーを加えた方は苦くないよ。どっちもふくらんでいるのに、どうしてだろう？

3人は理科室に戻ってきました。

 重曹とベーキングパウダー、何が違うのかな？

 重曹を加えても蒸しパンがふくらむっていうことは、ベーキングパウダーのときと同じように、二酸化炭素が出るんじゃないかな？

 重曹をお湯に入れたら泡が出たよ。この気体を集めて、石灰水を入れると……？

> 石灰水を入れたら白くにごったよ！ということは、二酸化炭素だね！

石灰水を入れる

 蒸しパンをふくらませるのは、もとをたどると重曹から発生する二酸化炭素なんだね。そうすると、ベーキングパウダーのほかの材料の役割はなんだろう？

 蒸しパンを黄色くしない、苦くしないっていうことじゃないかな。

 「苦い」…うーん……そうだ！　酸とアルカリについて習ったとき、「アルカリ性は苦いものが多い」って聞いた気がするよ！

 じゃあ、重曹を加えたら苦くなったのもアルカリ性だからかな？

 フラスコの中の液体が酸性かアルカリ性か、pH試験紙で調べてみたらどうだい？

pH9

> pH試験紙で調べると青緑色になったからアルカリ性だ！すると、さっきの蒸しパンの苦みは、アルカリ性の重曹のせいだったんだ！

すると、ベーキングパウダーには重曹から出た苦みを消すものが入っていそうだね。どの成分だろう？

コーンスターチかな？「ナントカ酸」っていうのかな？　でも、「ナントカ酸」なんて、ここにはないよね……

クエン酸を入れる

同じような酸である「クエン酸」ならあるよ。これを重曹を溶かしたお湯に入れてみたらどうだい？

あっ！　泡が出てきた。もう一度入れてみよう。……また出てきた！　これも二酸化炭素かな？

石灰水で調べると白くにごったから二酸化炭素だね。

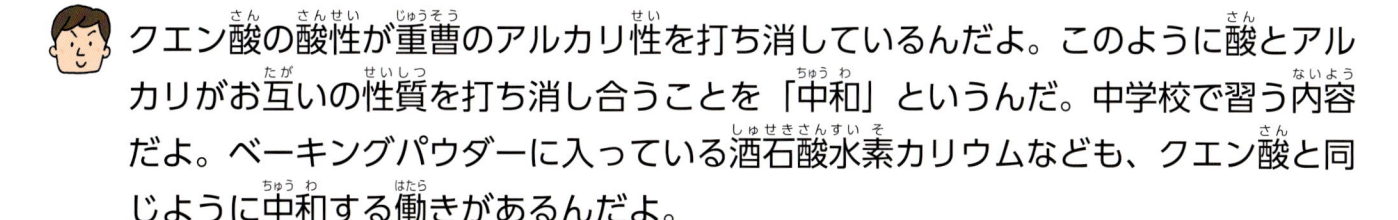
pH7

残った溶液の性質は何かな？

pH試験紙で調べると緑色になったから中性だ。クエン酸を入れると中性に変わるんだ！

クエン酸の酸性が重曹のアルカリ性を打ち消しているんだよ。このように酸とアルカリがお互いの性質を打ち消し合うことを「中和」というんだ。中学校で習う内容だよ。ベーキングパウダーに入っている酒石酸水素カリウムなども、クエン酸と同じように中和する働きがあるんだよ。

じゃあ、ベーキングパウダー入りの蒸しパンが苦くないのは、酸が重曹のアルカリ性を中和したからなんですね！

よし、重曹とベーキングパウダーの違いを図書館でもっと調べてみよう！

図書館で調べてみよう

3人は図書館にやってきました。

 いろいろな本があるね。

 お菓子や料理に関する本を探せばいいのかな。うーん、料理の本はどこだろう？

 図書館の人に聞いてきたよ。「596 食品、料理」の棚だって。

 あ、あった！　あそこだ！

 蒸しパンの作り方や料理の科学に関する本がたくさんあるね。何冊か読んで調べてみよう。

図書館で本を調べるには

- **本棚から探す**：図書館にある資料は「日本十進分類法」という基準で分類されています。関係がありそうな分野の棚を探しましょう。

- **図書館司書に聞く**：図書館のカウンターで声をかけてみましょう。困ったときに相談に乗ってくれます。

- **図書館の検索システムを使う**：図書館のコンピュータに本のタイトルやキーワードを入力すると、関係する本が検索できます。

日本十進分類表

0	総記
1	哲学
2	歴史
3	社会科学
4	自然科学
5	技術
6	産業
7	芸術
8	言語
9	文学

あっ、ベーキングパウダーについて説明<small>せつめい</small>している本があったよ。作るものによって、重曹<small>じゅうそう</small>とベーキングパウダーを使い分けるんだって。

 へえ、重曹<small>じゅうそう</small>は水と混<small>ま</small>ぜただけでは二酸化炭素<small>にさんかたんそ</small>は発生しないけれど、ベーキングパウダーは酸<small>さん</small>が混<small>ま</small>ざっているから水に入れただけで二酸化炭素<small>にさんかたんそ</small>が出るのか。

ベーキングパウダーのコーンスターチは、保存<small>ほぞん</small>している間に空気中で重曹<small>じゅうそう</small>と酸<small>さん</small>が反応<small>はんのう</small>して気体が発生しないようにするためなんだって。

○月○日(水)　ベーキングパウダーの成分

【気体を発生させる物質】
重そう（炭酸水素ナトリウム）
水にとけるとアルカリ性を示す。加熱すると二酸化炭素を発生させ、強いアルカリ性の物質に変わる。これが苦みのもとで、小麦粉を黄色くする。

【気体の発生を助ける物質】
酒石酸、クエン酸、リン酸など
水にとけると酸性を示す。重そうと反応して二酸化炭素を発生させる。加熱するとさらに多く発生する。アルカリ性を中和して、生地が苦く、黄色くなるのを防ぐ。

【保存中に気体の発生を防ぐ物質】
コーンスターチなどのでんぷん
ベーキングパウダーを保存している間に重そうと酸が反応するのを防ぐ。

どら焼<small>や</small>きの皮は重曹<small>じゅうそう</small>で作るんだって。だから黄色っぽくて風味があるのかなあ。

あっ、重曹<small>じゅうそう</small>とベーキングパウダーを両方使っている蒸<small>む</small>しパンもあるみたいだよ。

えっ、そうなの？じゃあ、今度は両方加<small>くわ</small>えて作ってみようかな。

3 蒸しパンが緑色になった！

数日後、ヒロがあわてた様子で教室に入ってきました。

 たいへんだ！　蒸しパンが緑色になったんだよ！

えっ、一体どういうこと？

 緑色って、抹茶でも加えたの？

 違うよ。昨日、ブルーベリー味の蒸しパンを作ろうと思って、ブルーベリージャムを加えたんだ。当然、紫色になると思うでしょ？　それなのに、鍋のふたを開けたら……。

 蒸したら緑色になっていたっていうこと？

 一体なんでだろう？

 ヒロ、使った材料を教えて。

 小麦粉と水と重曹とベーキングパウダー、それとブルーベリージャムだよ。

 えっ？　重曹とベーキングパウダーをいっしょに加えたの？

 うん、図書館の本に、重曹とベーキングパウダーを両方加えて作る蒸しパンもあるって書いてあったでしょう。だから、試しにやってみようと思って。

 そうすると、重曹とベーキングパウダーのどちらかが関係しているのかな？

 その両方かもしれないよ。これだけではわからないね。

 ねえ、これ、新しい研究テーマになるんじゃないかな？

 いいね！　実験して探ってみようよ！

理由を考えてみよう

 よし、それじゃあ、理由を考えてみよう。

 前に蒸しパンを作ったときは、ベーキングパウダーを加えたものは白で、重曹を加えたものは少しだけ黄色かったよね。ブルーベリーの紫色と、蒸しパンの黄色が混ざったんじゃないかな？

 でも、ブルーベリーの紫色に黄色を混ぜても、蒸しパンは緑色にはならないんじゃないかなあ……。

 うーん……、とにかく、なぜ緑色になったのかはわからないけれど、何が影響したのかを確かめることはできるんじゃないかな？

 それじゃあ、また仮説を立ててみようよ。なんだかおもしろくなってきた！

ぼくは、重曹を加えたから緑色になったんだと思う。重曹を加えるとアルカリ性になるから、それが影響しているんじゃないかなあ？

でも、ベーキングパウダーが影響している可能性もあるよ。ベーキングパウダーだけを加えた場合で、どうなるのかも確かめてみないとね。

ちょっと待って！加熱しただけでブルーベリーが緑色になったのかもしれないよ。ふくらまないけれど、確認のために、どちらも加えないのも作ってみなきゃ。

さて、どういう実験で仮説を確かめたらいいのかな。

 まず、小麦粉、水にブルーベリージャムを混ぜるよね。

この4つを比べたらいいんじゃないかな？

① 小麦粉と水、ブルーベリージャムだけのもの

② ①にベーキングパウダーだけを加えたもの

③ ①に重曹だけを加えたもの

④ ①にベーキングパウダーと重曹を加えたもの

これなら、ベーキングパウダーと重曹のどちらが色に影響するのかわかるし、加熱しただけで色が変わるのかどうかも確かめられるよ。

 いいと思う！　そうすると、もし「重曹が影響して緑色になる」というぼくの仮説が正しければ、こういう結果になるんじゃないかな。

① 小麦粉と水、ブルーベリージャムだけのもの → 紫色

② ①にベーキングパウダーだけを加えたもの → 紫色

③ ①に重曹だけを加えたもの → 緑色

④ ①にベーキングパウダーと重曹を加えたもの → 緑色

色が変わるのはどれ？

蒸しパンの色の変化を確認する

用意するもの

小麦粉、水、ベーキングパウダー、重曹、ブルーベリージャム、カップケーキ型、ボウル、スプーン、菜箸、はかり、計量カップ、蒸し器、ふきん、ガスこんろ

実験方法

❶ 小麦粉100gと水100mL、ブルーベリージャム32gをボウルに入れて粉の塊がないようによく混ぜ、同じ量ずつ4つに分ける。

❷ ❶の生地の1つにベーキングパウダー1g、1つに重曹1g、1つにベーキングパウダーと重曹を1gずつ加えて混ぜ、それぞれをカップケーキ型に入れる。

❷ 13ページの実験の❺〜❻と同じ手順で蒸す。

 よし、小麦粉と水、ブルーベリージャムを混ぜたものを58gずつ4つに分けたよ。

 そうしたら、1つはそのまま、1つにベーキングパウダー、1つに重曹、1つに両方加えるね。

 あれっ、混ぜただけなのに、色が少し変わってきたものがあるよ！

 本当だ！　白っぽいから見えづらいけれど、色が違う！　ぼくが作ったときには気づかなかったなあ。

 お湯が沸いたから蒸してみようよ。

❶そのまま　　❷ベーキングパウダー　　❸重曹　　❹ベーキングパウダーと重曹

加熱前の生地

❶ そのまま　　❷ ベーキングパウダー

❸ 重曹（じゅうそう）　　❹ ベーキングパウダーと重曹（じゅうそう）

完成（かんせい）した蒸（む）しパン

❶　　❷

❸　　❹

蒸（む）しパンの断面（だんめん）

😊 そろそろできたかな。ふたを開（あ）けてみよう。

😧 あっ！　緑色（みどりいろ）になっているのが2つある！

😮 「重曹（じゅうそう）」と「ベーキングパウダーと重曹（じゅうそう）」を加（くわ）えたものが緑色（みどりいろ）で、「ベーキングパウダー」を加（くわ）えたものと何（なに）も混（ま）ぜないものは紫色（むらさきいろ）だ。断面（だんめん）を見（み）ると、色（いろ）がよくわかるね。

😛 すると、重曹（じゅうそう）のアルカリ性（せい）が影響（えいきょう）して蒸（む）しパンが緑色（みどりいろ）になっているっていうことだね。ベーキングパウダーは酸（さん）でアルカリ性（せい）が中和（ちゅうわ）されているし、加熱（かねつ）したこと自体（じたい）はブルーベリージャムの色（いろ）を変（か）えないんだ。

😟 重曹（じゅうそう）のアルカリ性（せい）が緑色（みどりいろ）の原因（げんいん）なのはわかったけれど、どうして色（いろ）が変（か）わるんだろう？

😟 それがわからないんだよね……　行（ゆ）き詰（づ）まっちゃったなあ。どうしたらいいかな？

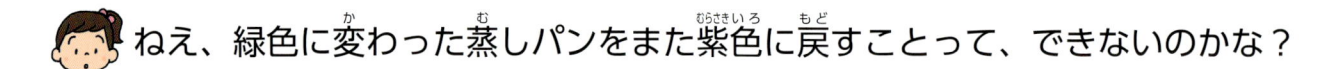

これ以上、色は変わらないの？

ねえ、緑色に変わった蒸しパンをまた紫色に戻すことって、できないのかな？

そんな無茶な……。

だって、それができたらおもしろいでしょ。「色変わり蒸しパン」ができるよ。

もし、それができれば、「なぜ重曹で色が変わるのか」の答えに近づけるんじゃない？ やってみる価値はあるかも！

といっても、どうしたらまた色を変えられるんだろう？

重曹のアルカリ性で蒸しパンが緑色に変わったのなら、アルカリ性でなくなると緑色じゃなくなるんじゃないかな。

たとえば……酸を加えるとか？　アルカリ性が打ち消されると紫色に戻るかも！

先生が言っていた「中和」だね。それ、いいかも。

蒸しパンにかけられる酸性の食べ物って何かあるかな？

 レモンの汁は酸性だって学校で習ったよ。

 ちょうどレモンがあるよ。よし、かけてみよう！

 どうなるのかな？　紫色になるかな？

 ## 緑色の蒸しパンにレモン汁をかける

用意するもの

31ページで作った緑色の蒸しパン、レモン汁、
スプーン、皿

実験方法

❶ 皿に載せた蒸しパンにレモン汁をかける。
❷ レモン汁が蒸しパンにしみ込むにつれて変化が
あるかどうかを確認する。

 あっ、レモン汁をかけた部分がピンクになっちゃった！

 色は変わったけど、紫色には戻らないんだなあ。

 どうしよう、さらになぞが増えちゃった……。

 よし、先生に相談しに行こう！

詳しい人に聞いてみよう

3人は、先生のところにやってきました。

 先生！　重曹とブルーベリージャムを入れた蒸しパンが緑色になりました。それにレモン汁をかけると、ピンク色になりました。どうしてでしょうか？　ぼくたち、行き詰まってしまって……。

 それなら、先生の知り合いの料理研究家を紹介しよう！　いろんな人の話を聞くことも、研究にとって大切だよ。

 ありがとうございます！

話を聞きに行くときの注意点

● 事前に、電話やメールで相手の都合を確認しましょう。

● 会う時間と場所が決まったら、遅れないように気をつけましょう。

● 自分で調べたことやわかったこと、聞きたいことをあらかじめ整理しておきましょう。たとえば、以下のように質問するとよいでしょう。

「○○についてですが、どうしてでしょうか？」

「○○について、△△だと思うのですが合っているでしょうか？」

● メモをとりましょう。また、写真を撮るときには、先に撮ってもよいかを相手に確認しましょう。

3人は、先生から紹介された料理研究家に相談しに行きました。

 はじめまして。今日はよろしくお願いします！

 こんにちは。こちらこそよろしくお願いします。

この前、重曹とブルーベリージャムを加えた蒸しパンを作ったら緑色になりました。こういうことってあるんでしょうか？

 ありますよ。ブルーベリーの中には「アントシアニン」と呼ばれる色素が含まれているんです。

 アントシアニン？

 そう。アントシアニンは、酸性が強くなると赤色に、アルカリ性が強くなると緑や黄色に変化するという性質を持っているんですよ。

 酸やアルカリで色が変わるんですか！

 そういえば、学校で紫キャベツを使った実験をやったことがあります。酸やアルカリで色が変わりました。これもアントシアニンのせいなんですか？

紫キャベツの汁の色の変化

 そう、紫キャベツにもアントシアニンが含まれているんですよ。よく気づきましたね。

 じゃあ、重曹を加えた蒸しパンはアルカリ性になったから、ブルーベリージャムの中のアントシアニンが緑色になったんですね。

 すると、レモン汁をかけたら酸性になったから、緑色がピンクになったのか！

 そのとおり！　レモン汁は強い酸性ですからね。

 ありがとうございます！　これで緑色の蒸しパンのなぞが解けました！

4 研究のまとめ

翌日、3人は理科室に集まりました。

 蒸しパンについて実験して、調べて、話を聞いて、いろいろなことがわかったね。

 よし、クラブの発表に向けて、これまでの実験をまとめていこう！

 ポスターにまとめるときには、「動機」「目的」「仮説」「方法」「結果」「考察」「感想」「参考文献」の項目があるといいね。

研究のまとめ方

- **動機**…研究をするきっかけになったことを書く。
- **目的**…実験で何を調べたいのかを書く。
- **仮説**…どんな結果になるか、予想をする。
- **方法**…ほかの人がやっても同じ手順でできるように、できるだけ具体的に書く。
- **結果**…写真やグラフなどを使って、実験結果をまとめる。
- **考察**…結果からわかったこと、考えたことを書く。予想どおりにならなかったときはその理由も考える。
- **感想**…研究をやった感想を書く。研究をして疑問に思ったことや、もっと調べてみたいことを書くと、さらによくなる。
- **参考文献**…参考にした本を書く。施設を見学したり、お世話になった人がいたりしたら、それも書く。

今まで書いてきた研究ノートや撮った写真が役に立つね！

順番はこれでいいよね。

 ここにこの写真を貼るとわかりやすいんじゃないかな？

 見出しを大きくして、色をつけると目立つかも！

 いいね！

こうして、研究をまとめたポスターが完成しました。

 よし、明日は発表だ！

発表当日。思ったより人がたくさん集まったので、3人は少し緊張しています。

 これから理科クラブの研究発表をします。

 研究テーマは「蒸しパンのふしぎ ～ふくらむ？　色が変わる？～」です。

このテーマに決めたのは、蒸しパンがどうしてふわふわしているのか、理由を知りたかったからです。ぼくたちは蒸しパンがふくらむ理由について、実験をして調べました。その中で、蒸しパンの色が変わることがあったため、目的が2つになりました。1つめは、「蒸しパンがふわふわなのはなぜか」。2つめは「蒸しパンの色に変化が起こるのはなぜか」です。

まず、蒸しパンがふくらむ原因を調べました。原因は小麦粉、卵、ベーキングパウダーのどれかにあるではないかという仮説を立てて、

❶ 小麦粉＋水
❷ 小麦粉＋水＋卵
❸ 小麦粉＋水＋ベーキングパウダー

の3種類の蒸しパンを作ってふくらんだ高さを比べてみました。結果はこちらの写真です。いちばんふくらんだのは❸のベーキングパウダーを加えたものでした。

さらに実験をして、ベーキングパウダーから、二酸化炭素が発生することがわかりました。この二酸化炭素によって、蒸しパンがふくらんでふわふわになるのです。そこで、「ベーキングパウダーとは何か」について、もっと調べることにしました。

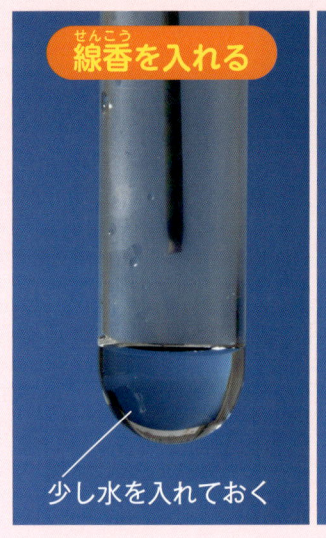

線香を入れる

少し水を入れておく

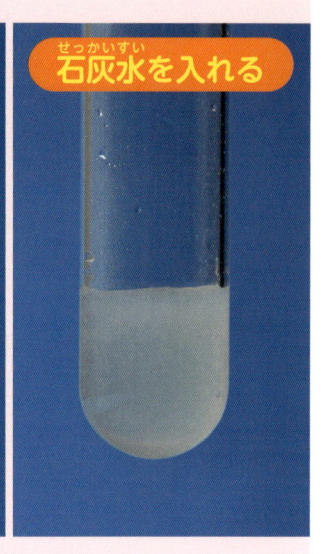

石灰水を入れる

重曹　　　ベーキングパウダー

ベーキングパウダーは、重曹と酸、コーンスターチなどでできています。重曹だけを加えても蒸しパンはふくらみますが、重曹で作った蒸しパンはアルカリ性になり、黄色く、少し苦い味がしました。

次に、ブルーベリージャムを加えて蒸しパンを作ると、緑色になることに気づきました。そこで、「重曹を加えたから緑色になったのではないか」という仮説を立てて、次の4種類の方法で実験をしました。

❶小麦粉、水、ブルーベリージャムを混ぜたもの
❷❶にベーキングパウダーを加えたもの
❸❶に重曹を加えたもの
❹❶にベーキングパウダーと重曹を加えたもの
結果は、❸と❹が緑色に変わりました。

❶そのまま　　　❷ベーキングパウダー
❸重曹　　　　　❹ベーキングパウダーと重曹

蒸しパンの色が変わったのは、重曹を加えてアルカリ性になったためです。ブルーベリージャムにはアントシアニンという色素が含まれていることがわかりました。この色素は、酸を加えると赤く、アルカリを加えると緑や黄色になります。

これらの実験から次のことがわかりました。
1つめは「蒸しパンがふわふわになる理由」です。
- ベーキングパウダーを加えると蒸しパンがふくらむ。
- ベーキングパウダーに含まれる重曹から発生する二酸化炭素が蒸しパンをふくらませる。
- 重曹だけを加えても蒸しパンはふくらむが、黄色くなり、少し苦い。

2つめは「ブルーベリージャムを加えた蒸しパンが紫色から緑色に変わる理由」です。
- 重曹を加えた蒸しパンが緑色に変わる。
- ブルーベリージャムには「アントシアニン」という色素が含まれており、酸性が強いと赤色に、アルカリ性が強くなると緑や黄色に変化する。
- 重曹を加えるとアルカリ性になるため、蒸しパンが緑色に変わる。

今回実験をしてみて、何気なく食べている蒸しパンが、二酸化炭素というよく知っている気体によってふくらんでいることがわかり、驚きました。また、色が変わる蒸しパンというふしぎな現象のなぞも解くことができました。身近な疑問をみんなで解決できておもしろかったです。

ヒロが会場に「何か質問のある人はいますか？」と呼びかけると、手を挙げる子がいました。

重曹とベーキングパウダーの違いを、もう少し詳しく教えてください。

はい。ベーキングパウダーには重曹が含まれています。この重曹が二酸化炭素を発生させて蒸しパンをふくらませます。しかし、重曹だけを使った蒸しパンは、黄色くなり、少し苦みが出ました。この苦みは重曹のアルカリ成分によるものです。ベーキングパウダーには、重曹のアルカリ性を打ち消す働きをする酸がいっしょに入っています。だから、ベーキングパウダーを使うと白く、苦くない蒸しパンになるのです。

「アントシアニン」というのは、ほかにどんなものに含まれていますか？

紫キャベツ、紫芋、ナスの皮などに含まれています。

よくわかりました。ありがとうございました。

これで理科クラブの研究発表を終わります。

発表を終えて

 いい発表だったね。発表してみてどうだった？

 みんな興味を持って聞いてくれて、質問にも答えられてよかったです！

 これからも、疑問に思ったことは自分で考えて、実験をしてなぞを探ってみよう。疑問を持つこと、調べること、やってみることはとても大切なことだよ。インターネットで見たことが正しいとは限らないし、多くの人の手で作られる本でも、絶対に正しいとは言い切れないんだ。そして、やるからには、計画をきっちりと立てることが大事だよ。ただし、安全には十分注意して、けがのないようにしようね。

 はい！

5 新たなるなぞが！

数日後、ユミとカナが教室で話していたところ、ヒロがまたあわてた様子で入ってきました。

 おーい、見てよ！　昨日、蒸しパンを作ったらこんなに割れたのができたよ！

 また作ったの⁉　熱心ねえ。

 あれっ、本当だ、ぱっくり割れてる。どうしてだろう？

昨日作った蒸しパン

14ページで作った蒸しパン

そういえば、お店で、ふわふわして割れていないのと、ぱっくり割れているのと両方見たことがあるよ。何が違うのかな？

 色の変化じゃないところで、新しい発見ね！　それ、次の研究テーマになりそうじゃない？

 なんだかワクワクしてきた！　よし、また調べてみよう‼

よーし！　新しいなぞに挑戦だ！

研究のヒント

この本では、ヒロ、ユミ、カナの3人が「蒸しパンがふくらむ理由」と「色が変わる理由」を解き明かしました。蒸しパンやそのほかの食べ物には、まだまだなぞがいっぱいです。研究のヒントになりそうなことを以下に挙げましたが、これらはほんの一例です。あなたが「ふしぎだ」と思ったことを実験で解き明かしてみましょう。

割れた蒸しパンのなぞ

44ページで「割れている蒸しパン」が出てきました。どうして割れるのでしょうか？　実験で「蒸しパンが割れる理由」を確かめてみましょう。

牛乳やサラダ油の役割は？

9ページにあるように、一般的な蒸しパンには、この本で使った材料に加えて牛乳やサラダ油が入っている場合があります。これらの材料を使うと、どのような蒸しパンができるのでしょうか？

色が変わる食品を探そう

42ページに出てきたように、ブルーベリーのほかにもアントシアニンを含む食品はたくさんあります。身近な食品についていろいろ調べてみましょう。

ほかのふくらむ食べ物は？

蒸しパンのほかにもふくらむ食べ物はたくさんあります。いろいろな食べ物がどうしてふくらむのかを、突き止めてみましょう。

キーワードさくいん

著者

佐田山 彩紀（さだやま さいき）　東京都立国立高等学校　主任教諭

　学生時代から、都内の児童館で乳幼児から高校生までを対象に、科学工作、野外活動、レクリエーションなどのボランティア活動を行う。さまざまな子ども、大人と出会い、刺激を受け、現在の基盤となっている。

　授業では化学を通じて、生徒どうしの関わり、教師と生徒との関わりを考え、試行錯誤しながら取り組んでいる。趣味はスポーツ観戦。野球場や競技場に実際に足を運ぶのが楽しみのひとつ。

　東京都立南葛飾高等学校、東京都立両国高等学校・附属中学校などを経て、2018年4月より現職。東京書籍教科書編集委員。

●参考文献

河田昌子 著『新版 お菓子「こつ」の科学』
柴田書店, 2012年

●編集：加藤智子

●撮影：後藤祐也

●イラスト：池田八惠子

●デザイン・DTP：ニシ工芸株式会社（西山克之）

●校正：石井理抄子

●編集長：野本雅央

科学のタネを育てよう②
物語でわかる理科の自由研究
色が変わる蒸しパンのふしぎ
2018年10月17日　初版第1刷発行

著　者　佐田山彩紀
発行人　松本恒
発行所　株式会社　少年写真新聞社
　　　　〒102-8232　東京都千代田区九段南4-7-16
　　　　市ヶ谷KTビルⅠ
　　　　TEL　03-3264-2624　FAX　03-5276-7785
　　　　URL　http://www.schoolpress.co.jp/
印刷所　大日本印刷株式会社
製本所　東京美術紙工

©Saiki Sadayama 2018　Printed in Japan
ISBN　978-4-87981-651-1　C8340　NDC407